# 摩登住宅设计

**图书在版编目(CIP)数据**

摩登住宅设计 / 新加坡 HYLA 事务所编;付云伍译. —桂林:
广西师范大学出版社,2017.7
ISBN 978 – 7 – 5495 – 9873 – 1

Ⅰ.①摩… Ⅱ.①新… ②付… Ⅲ.①住宅-室内装饰设计
Ⅳ.①TU241.02

中国版本图书馆 CIP 数据核字(2017)第 134660 号

出 品 人:刘广汉
责任编辑:肖 莉 齐梦涵
版式设计:吴 迪
广西师范大学出版社出版发行

( 广西桂林市中华路 22 号 　　邮政编码:541001 )
( 网址:http://www.bbtpress.com )

出版人:张艺兵
全国新华书店经销
销售热线:021 – 31260822 – 882/883
恒美印务(广州)有限公司印刷
(广州市南沙区环市大道南路 334 号 　邮政编码:511458)
开本:635mm×965mm 　　1/8
印张:32 　　　　　字数:30 千字
2017 年 7 月第 1 版 　　2017 年 7 月第 1 次印刷
定价:288.00 元

# 摩登住宅设计

[新加坡] HYLA事务所 编

付云伍 译

广西师范大学出版社
·桂林·

images
Publishing

# 目录

# 前言

在这个人口稠密、拥挤不堪的世界里，我们随处可见形式各异的自我表现。为了博得更多的眼球，建筑也变得越来越高大，越来越花哨和张扬。那么，生活在新加坡这样繁华喧嚣的都市，何处才是人们清净的避风港湾？HYLA 事务所的设计师们会告诉您，它就在您的家中。

HYLA 事务所以非凡独特和一丝不苟的方式进行住宅的建造，将纯美的造型与动感的空间完美结合。简约坚实的外表之下，掩藏着内部设计的考究与美感。本书中的作品展示了 HYLA 事务所对塑造与众不同的家居所持的独特视角。打造清澈澄明的家居环境是他们的核心宗旨，也是其建筑实践的指导原则之一。

HYLA 事务所的所有项目均精心考虑到亚洲热带地区的居住风俗和习惯——始终寻求将现代风格与悠久的社会文化底蕴有机地融合为一体。在这一探索策略之下，HYLA 事务所消除了室内与室外的界限，无论何处，只要可能，就会巧妙地将气候、环境和自然元素融入于家居构造之中。尽管坚实牢固、清澈澄明和充满活力的价值观念恒久不变，但是针对不同地区和不同特点的客户，为之建造的住宅也自然风格各异。

这一设计过程始于对住宅用途的理解和认识，住宅应该是什么样子？它应该为人们做些什么？在土地极其稀缺的新加坡，空间绝对算是一种奢侈品，因此，规划设计的有效性是永远不变的追求。如果客观环境不利于居住，有效的设计虽然不能完全将不利因素消除，却可以显著地将其影响降至最低。就此，HYLA 的设计师会提出很多建议方案来解决与环境和困难相关的特殊问题。

虽然解决问题的方法众多，但是只有充满创意、摒弃模式化和模仿的方法才能被采用。通过简洁和精心的设计修饰手段，过滤后的光线更加柔和；空气的流通也更加畅通自如；高温被巧妙地规避；流水也被巧妙地用来降低周边环境的温度。另外，在所有可能的地方——庭院、私家花园、花架与花盆中都会布满茂盛的绿色植物，令家居环境更接近天然的景观。例如在"水之桥"的项目中，水池屏蔽了来自附近铁轨的噪声污染。而在"采光井"的项目中，室内的倒影池也起到了被动降温的作用。

HYLA事务所设计的住宅刻意把采光和亲近自然放在重要地位。通过使用各种过滤装置和建材，HYLA事务所探索研究了固定式和活动式玻璃幕墙，不仅对光线起到了漫反射作用，还增强了空气的流通性，很好地提高了住宅的私密性。住户可以根据自己的需要和心情对这些玻璃幕墙进行互换，在住宅的外墙上组成不同风格的图案，从而真正体现房主的个性和情趣。

HYLA事务所努力推动现代热带建筑模式的创新和变革，不断寻求各类建筑理论的创新和突破，提供舒适惬意的生活环境，以满足当代亚洲人的生活方式。HYLA事务所运用清新明快的美学内涵和真材实料，为生活在喧闹拥挤环境中的人们打造了私密的清净圣地。

踏入HYLA事务所建造的住宅之中，您将领略到设计师对于人们在家中的生活和行为方式是何等关注和了解。在吸纳亚洲人传统价值观于现代环境的过程中，HYLA事务所始终把私密性置于设计的首要地位。通过精心谨慎的设计，实现了公共空间与私有空间的过渡与融合。此外，由于新加坡人随意和悠闲的生活方式，居住空间通常是不固定的，往往不断地移动和变化。

HYLA事务所设计的住宅不仅坚固耐用，而且能够令人们的感官产生感性与理性交织的愉悦感。当住宅的每一个重要元素都完美和谐地结合在一起时，建筑师的工作才算大功告成。

"静态的形式，动感的空间"，正是这一虚实之间阴阳相济的创作理念赋予HYLA事务所的建筑以无限的生机与活力。

# 现代
## 新加坡住宅

# WELL OF LIGHT

## 采光天井

**建筑类型：** 带有阁楼的连栋式新型双层住宅

**项目地点：** 新加坡百临宾大道（Belimbing Avenue）

**竣工时间：** 2014年

**项目团队成员：** Han LokeKwang, Tiffany Ow

**主承包商：** Praxis Contractors Pte Ltd

**结构工程公司：** SB Ng & Associates CE

**摄影：** Derek Swalwell

一座带有倒影池的天井把这幢连栋式住宅一分为二。天井的顶部覆盖着玻璃和木制的格栅式顶棚，在防雨的同时还提高了整个住宅的采光性和通风性。住宅的一侧设有楼梯，其下有一个细流不断的瀑布水景，潺潺清水缓缓注入到清澈的倒影池中。

楼梯井的顶端同样采用玻璃和木制格栅进行遮盖，木制格栅悬挂于钢缆之上，因此显得略微向下沉坠，形成柔和美观的弧度。整个住宅的主体采用清水混凝土结构，并使用了柚木、香樟木等热带木材。

WELL OF LIGHT

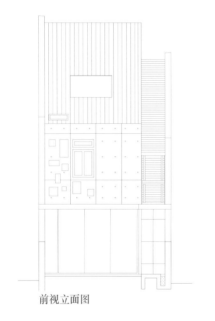

前视立面图

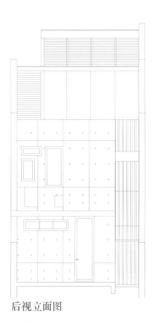

后视立面图

WELL OF LIGHT

WELL OF LIGHT

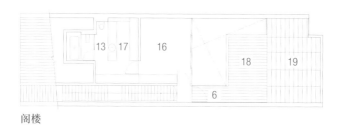

阁楼

二层

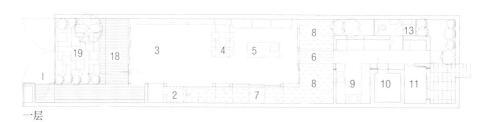

一层

1. 入口
2. 楼梯
3. 客厅
4. 餐厅
5. 干厨房
6. 桥廊
7. 水景
8. 水池
9. 湿厨房
10. 避难所
11. 房管室
12. 卧室
13. 浴室
14. 阳台
15. 家庭娱乐室
16. 主卧室
17. 衣帽间
18. 封闭式露台
19. 开放式露台

WELL OF LIGHT

WELL OF LIGHT

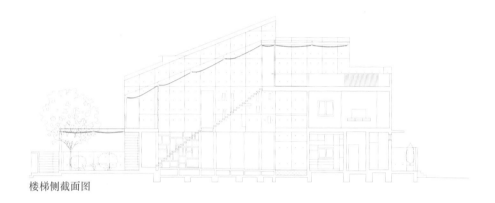

楼梯侧截面图

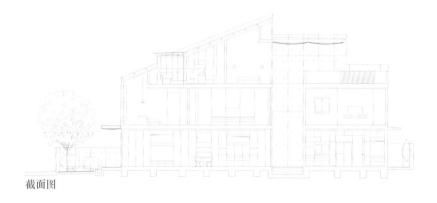

截面图

WELL OF LIGHT

WELL OF LIGHT

# VERTICAL COURT

## 立式庭院

**建筑类型：** 带有阁楼和地下室的半独立式新型三层住宅

**项目地点：** 新加坡绿岸园（Greenbank Park）

**竣工时间：** 2014年

**项目团队成员：** Han LokeKwang, Nicholas Shane Oen Gomes

**主承包商：** Praxis Contractors Pte Ltd

**结构工程公司：** GCE Consulting Engineers

**摄影：** Derek Swalwell

一座纵贯两层的立式花园庭院占据了这所半独立式住宅的中心位置。在一层，有一个方盒形池塘，四周框架用木料包盖，池中生长着一棵优雅的素馨花树（亦称鸡蛋花树）。空间倍增的客厅和餐厅环绕在这个庭院的四周。

庭院的二层位于一层餐厅区域的上方，与主卧室毗邻。庭院四周的落地式玻璃窗由纵横交错的木制框架构件分隔和固定，窗前树影掩映。

这个庭院不仅为住户提供了良好的私密性和充足的室内光线，更为重要的是，作为一个缓冲区，它还屏蔽了来自远处一条主干道的噪音污染。

VERTICAL COURT

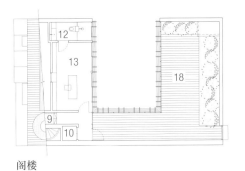

阁楼

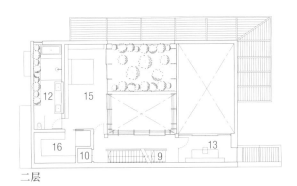

1. 客厅
2. 餐厅
3. 干厨房
4. 湿厨房
5. 食品储藏室
6. 房管室
7. 车库
8. 洗衣房
9. 楼梯
10. 升降梯
11. 卧室
12. 浴室
13. 书房
14. 家庭娱乐室
15. 主卧室
16. 衣帽间
17. 封闭式露台
18. 开放式露台
19. 水景
20. 储藏室
21. 服务室
22. 避难所

三层

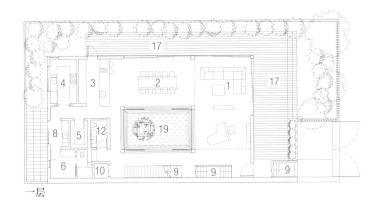

二层

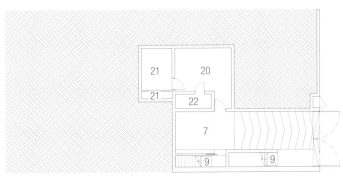

一层

地下室

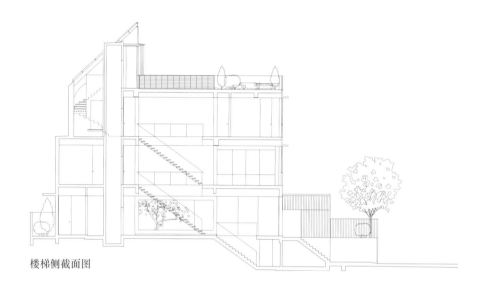

楼梯侧截面图

侧面立视图

VERTICAL COURT

VERTICAL COURT

VERTICAL COURT

# BRIDGE
# OVER
# WATER

## 水之桥

**建筑类型：**带有地下室和泳池的新型三层别墅式住宅

**项目地点：**新加坡海风路（JalanAnginLaut）

**竣工时间：**2012年

**项目团队成员：**Han LokeKwang, Eunice Chen, Kristten Chan,
WatineeRoajduang

**主承包商：**21 Construction Engineering Pte Ltd

**结构工程公司：**GNG Consultants Pte Ltd

**摄影：**Derek Swalwell

四邻只能看到它光华亮丽的表面，临街一面做工精巧细致的幕墙将这座依偎在花园中的别墅悄悄掩藏。由于入口高于地面很多，人们必须通过一段玻璃阶梯才能进入到住宅内部。打开结实的实木大门，首先映入眼帘的是一个清澈的泳池和一座环抱于繁茂绿色植物之中的露台，其上方有宽大的遮阴顶棚，光线和空气从四周进入。在热带地区，这是最为典型、舒适的居住环境。

一座通向客厅的玻璃栈桥轻盈地跨越于水面之上，末端的螺旋式阶梯则向上通入卧室。这座桥延展了住宅的空间维度，延伸了进入住宅的途径，还突出了这一景观空间在住宅整体设计中的重要性。住宅的其余部分也与这一景观相辅相成，主居住区内光线明亮柔和，绿意盎然的南国特色草木随处可见。加之各种虚实手法的巧妙处理和运用，整个建筑与自然和谐地融为一体。

BRIDGE OVER WATER

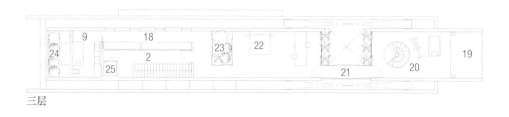

三层

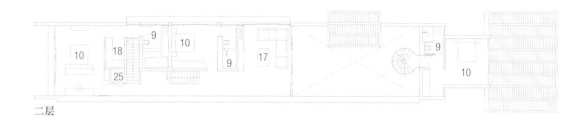

二层

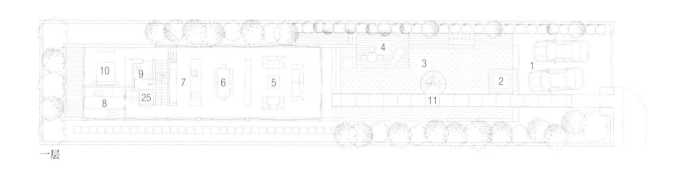

一层

地下室

| | | |
|---|---|---|
| 1. 停车场 | 10. 卧室 | 19. 屋顶露台 |
| 2. 门厅 | 11. 玻璃栈桥 | 20. 健身房 |
| 3. 泳池 | 12. 避难所 | 21. 通道 |
| 4. 泳池平台 | 13. 洗衣房 | 22. 主卧室 |
| 5. 客厅 | 14. 庭院 | 23. 庭院 |
| 6. 餐厅 | 15. 房管室 | 24. 景观 |
| 7. 干厨房 | 16. 储藏室 | 25. 升降梯 |
| 8. 湿厨房 | 17. 家庭娱乐室 | |
| 9. 浴室 | 18. 步入式衣帽间 | |

BRIDGE OVER WATER

BRIDGE OVER WATER

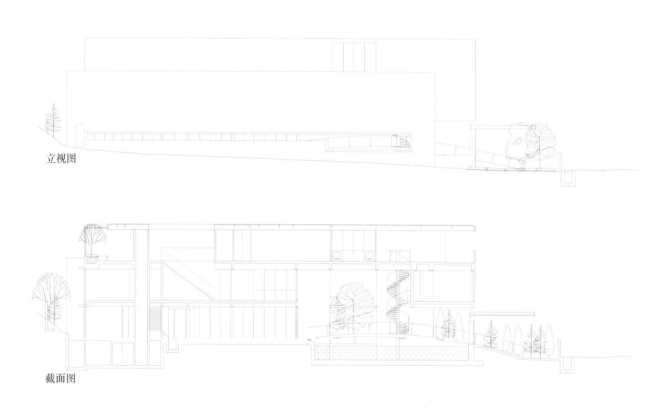

立视图

截面图

BRIDGE OVER WATER

BRIDGE OVER WATER

# LINES
# OF LIGHT

## 光之束

**建筑类型：**带有阁楼的新型双层花园式街角住宅

**项目地点：**新加坡花柏台（Faber Terrace）

**竣工时间：**2014年

**项目团队成员：**Han LokeKwang, Charissa Chan

**主承包商：**V-Tech Construction Pte Ltd

**结构工程公司：**Tenwit Consultants Pte Ltd

**摄影：**Derek Swalwell

该住宅坐落于街中一隅，整个立面直接与毗邻的街道面对。为了保护私密性，并且不影响采光性和通风性，采用了木条制成的板式幕墙对整个临街立面进行遮挡。

在住宅的前部有一个正对主花园的宽敞的室外露台。室内的空间同样宽敞，客厅的空间纵贯两层，其内颇具特色的书架也高达两层。

住宅的一层采用开放式设计，一扇宽大的滑动玻璃门面向葱郁繁茂的花园敞开。人们可以通过固定在两侧墙壁上的悬臂式楼梯到达各层的房间。

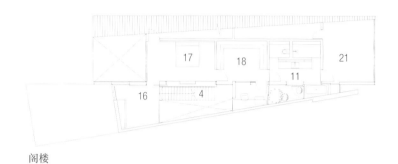

阁楼

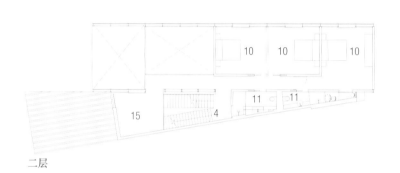

二层

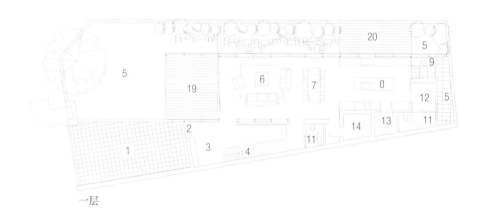

一层

1. 车库
2. 入口
3. 门厅
4. 楼梯
5. 庭院
6. 客厅
7. 餐厅
8. 厨房
9. 洗衣房
10. 卧室
11. 浴室
12. 房管室
13. 餐具室
14. 避难所
15. 书房
16. 家庭娱乐室
17. 主卧室
18. 主衣帽间
19. 封闭式露台
20. 开放式露台
21. 健身房

LINES OF LIGHT

LINES OF LIGHT

# SHIFTING SCREENS

## 移动式木屏

**建筑类型：** 带有泳池的半独立式新型双层住宅

**项目地点：** 新加坡绿地通道（Greenfield Drive）

**竣工时间：** 2011年

**项目团队成员：** Han LokeKwang, Eunice Chen

**主承包商：** V-Tech Builder LLP

**结构工程公司：** GNG Consultants Pte Ltd

**摄影：** Derek Swalwell

该住宅位于一块公共绿地的西面。为了保证良好的观赏视野并防止强烈的阳光辐射，采用了电动控制的木屏进行防护，木屏可以按照住户的需求随时进行移动。这些木屏具有不同的厚度和高度，变化中形成各种开启角度和微妙的布局形式，使住宅产生了丰富的动感。这一特色主题在室内的楼梯上也有所体现，楼梯的一侧同样安装了立式的木屏。

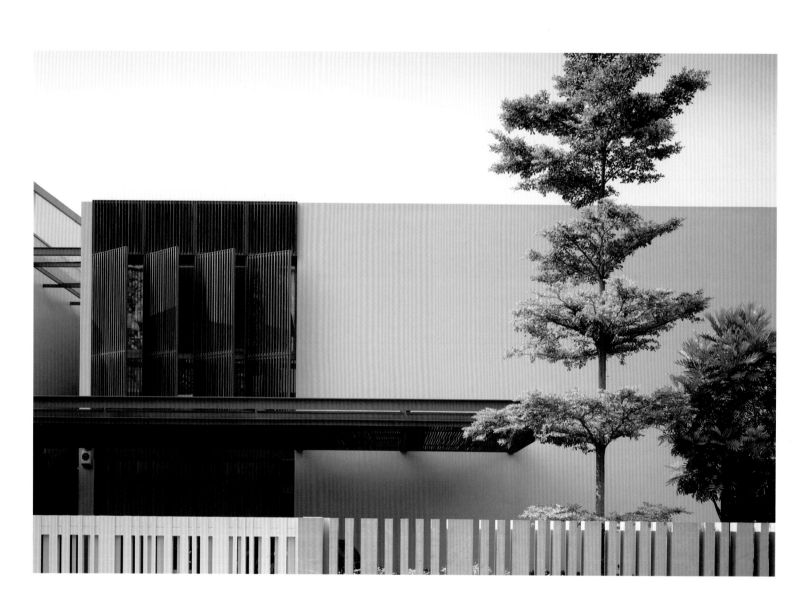

SHIFTING SCREENS

SHIFTING SCREENS

SHIFTING SCREENS

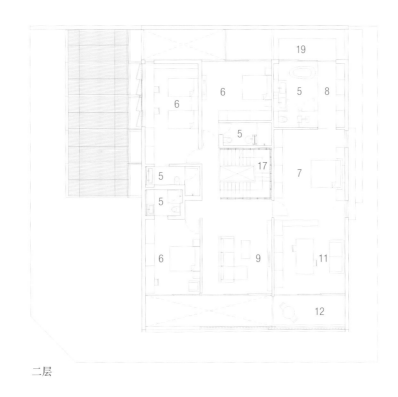

二层

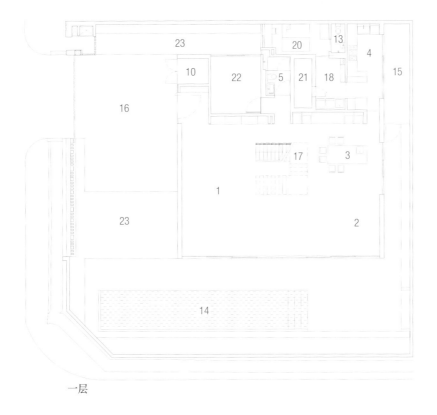

一层

1. 客厅
2. 餐厅
3. 干厨房
4. 湿厨房
5. 浴室
6. 卧室
7. 主卧室
8. 衣帽间
9. 家庭娱乐室
10. 储藏室
11. 书房
12. 阳台
13. 厕所
14. 泳池
15. 庭院
16. 车库
17. 楼梯
18. 洗衣房
19. 开放式露台
20. 房管室
21. 避难所
22. 客房
23. 花园

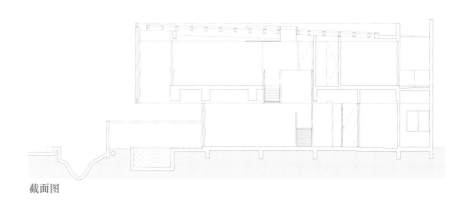

截面图

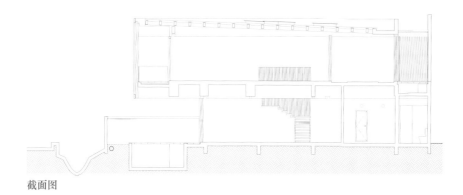

截面图

SHIFTING SCREENS

# FLOATING WORLD

## 漂浮世界

**建筑类型：** 带有地下室和泳池的新型双层别墅

**项目地点：** 新加坡温莎公园路（Windsor Park Road）

**竣工时间：** 2009年

**项目团队成员：** Han LokeKwang, Vincent Lee, Miriam Bergner

**主承包商：** QS Builders Pte Ltd

**结构工程公司：** SB Ng & Associates CE

**摄影：** Derek Swalwell

主体建筑仿佛纯白色的盒子漂浮在一层开放式空间的上方，并陡然悬停于碧蓝色池水之上。这栋独立式住宅有一座可容纳两辆汽车的半地下车库，通过一段引人注目的钢制梁柱建成的柱廊便可以进入其中。

客厅、餐厅以及干厨房均饰以黑色和深灰色的色调，与上方的"白色盒子"形成了鲜明的色彩对比。为增强漂浮的效果，水池上方的家庭娱乐室采用了玻璃框体结构。主浴室顶部带有铝制格栅的天窗不仅可以采光，还起到遮阴的作用。浴室墙壁覆盖着深色的木制板条，给人以暖意融融的感觉。

FLOATING WORLD

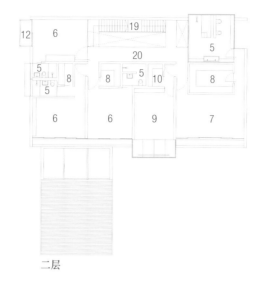

二层

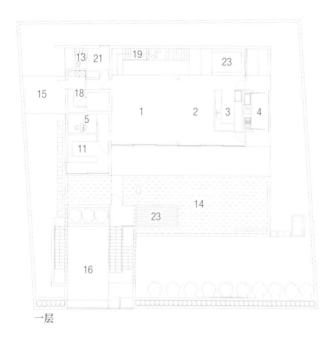

一层

1. 客厅
2. 餐厅
3. 干厨房
4. 湿厨房
5. 浴室
6. 卧室
7. 主卧室
8. 衣帽间
9. 家庭娱乐室
10. 储藏室
11. 书房
12. 阳台
13. 厕所
14. 泳池
15. 庭院
16. 停车场
17. 车库
18. 洗衣房
10. 楼梯
20. 走廊
21. 房管室
22. 泵房
23. 泳池平台

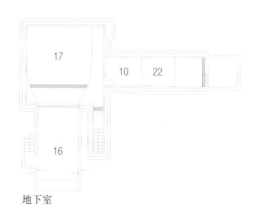

地下室

FLOATING WORLD

FLOATING WORLD

# PANORAMIC PLUNGE

## 全景泳池

**建筑类型：** 带有阁楼、地下室和泳池的独立式新型双层住宅

**项目地点：** 新加坡实乞纳山（Siglap View）

**竣工时间：** 2009年

**项目团队成员：** Han LokeKwang, Vincent Lee, Amol R Chaudhari

**主承包商：** QS Builders Pte Ltd

**结构工程公司：** SB Ng & Associates CE

**摄影：** Derek Swalwell

这座住宅恰好位于实乞那山（歌剧地产）的顶部，峰顶拥有观赏东海岸风光和中心商业区的全景视角。住宅几乎坐落在山路的顶端基本上属于长方形结构，主体结构由一层众多的钢柱支撑。坐落在斜坡上的一层内有两个娱乐室；二层有一个书房和几间儿童卧室；三层是阁楼休闲室。

客厅、餐厅以及干厨房等区域则遍布在坚实牢固的二层，这里三面通透，可以俯瞰观赏住宅花园内的景观。

PANORAMIC PLUNGE

阁楼顶部的露台上有一个长达 15 米 (49.2 英尺) 的戏水泳池，在这里可以享有极佳的全景视野观赏市区和远方的美景。

池水反射的光线可以通过池底三个圆形的天窗为二层的主衣帽间和家庭娱乐室提供照明。反射光线还能穿过二层的空白区域，使一层的餐厅区域也可以获得照明。独立地下室内有一个可以容纳三辆汽车的地下停车场，使住宅的功能更加完善。

PANORAMIC PLUNGE

PANORAMIC PLUNGE

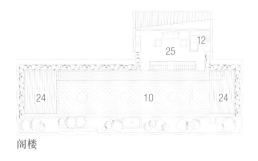

阁楼

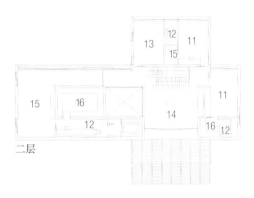

二层

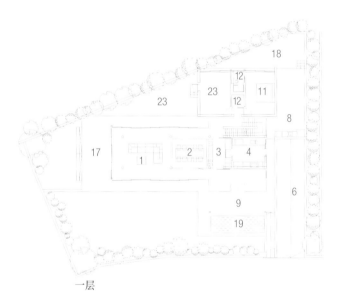

一层

1. 客厅
2. 餐厅
3. 干厨房
4. 湿厨房
5. 房管室
6. 私人车道
7. 停车场
8. 庭院
9. 门厅
10. 泳池
11. 卧室
12. 浴室
13. 书房
14. 家庭娱乐室
15. 主卧室
16. 衣帽间
17. 露台
18. 开放式露台
19. 池塘
20. 储藏室
21. 服务室
22. 避难所
23. 娱乐场地
24. 泳池平台
25. 休闲室

地下室

85

PANORAMIC PLUNGE

# BRASS
# ENSEMBLE

## 铜器合奏

**建筑类型**：带有阁楼和泳池的独立式新型双层住宅

**项目地点**：新加坡港湾路（Cove Way）

**竣工时间**：2009年

**项目团队成员**：Han LokeKwang, Vincent Lee, AbigaelTay

**主承包商**：21 Construction Engineering Pte Ltd

**结构工程公司**：KKC Consultancy Services

**摄影**：Derek Swalwell

这座沿路而建的住宅位于圣淘沙湾，给人以精妙淡雅的印象。一层通透的空间掩映在一排人工栽植的绿竹之后，一层立面上的横条木制百叶窗则提供了极佳的私密性。这也弥补了住宅上层立面和顶棚以及车库采用的氧化铜板材带来的呆板乏味感觉，增添了住宅的生机与活力。

一层开放式空间包括客厅、餐厅和干厨房，其外是一个覆盖着木板的露台和大型泳池。这种布局为居住者潜在的娱乐活动提供了可能性。将来，泳池的露天平台可以向下延伸到更低层级的平台，人们可以从这里直接走向海堤，登上停泊在那里的游艇。

连通各层的楼梯造型也很独特，阶梯上覆盖着木制板条。主浴室采用了筒状的穹顶和一个椭圆形的天窗，营造了光影交错的效果。阁楼的客人浴室则更像是一个奢华的水疗馆，其外直通屋顶露台上铺满卵石的小花园。

BRASS ENSEMBLE

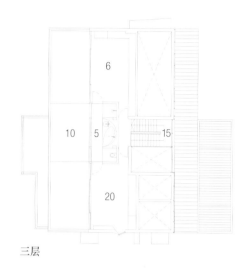

三层

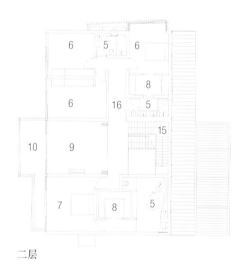

二层

1. 客厅
2. 餐厅
3. 干厨房
4. 湿厨房
5. 浴室
6. 卧室
7. 主卧室
8. 衣帽间
9. 家庭娱乐室
10. 阳台
11. 供电室
12. 电视厅
13. 池塘
14. 泳池
15. 楼梯
16. 走廊
17. 洗衣房
18. 房管室
19. 车库
20. 休闲室
21. 避难所

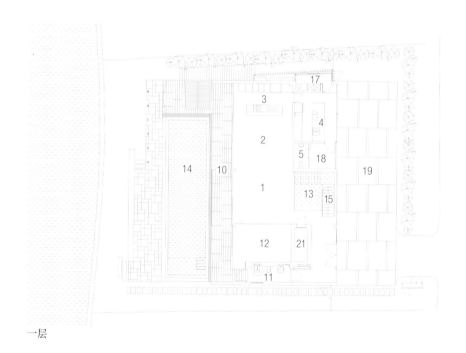

一层

BRASS ENSEMBLE

BRASS ENSEMBLE

BRASS ENSEMBLE

# LIGHT & SHADOW

## 光与影

**建筑类型：** 带有阁楼、地下室和泳池的独立式新型双层住宅

**项目地点：** 新加坡武吉东加（Bukit Tunggal）

**竣工时间：** 2008年

**项目团队成员：** Han LokeKwang, Vincent Lee, ChianLan Pin

**主承包商：** QS Builders Pte Ltd

**结构工程公司：** SB Ng & Associates CE

**摄影：** Derek Swalwell

位于彰思礼路 (Chancery Road) 的这座住宅绝对是对比设计手法运用的范例。双层的主体立面覆盖着精巧细致的百叶窗，内部设有客厅、餐厅等正式的生活区域。

二层的主卧室则凸出高悬在一层的泳池和倒影池之上。无论在白天还是黑夜，立面外部做工精细的百叶窗都能营造出光影交错的神秘气氛。

这与结实厚重的附属翼楼形成了巨大的对比反差，那里是非正式的生活区域，其二层还有四间卧室。

土楼与翼楼之间通过一个双层的楼梯竖井连接在一起，竖井内还设有一部有趣的家用电梯，可以直达地下停车场。

LIGHT & SHADOW

LIGHT & SHADOW

一层

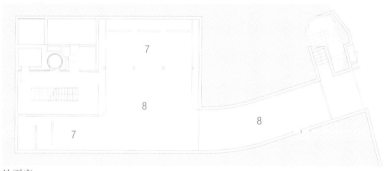

地下室

1. 客厅     10. 升降梯     19. 泳池平台
2. 餐厅     11. 卧室     20. 储藏室
3. 干厨房     12. 浴室     21. 服务室
4. 湿厨房     13. 书房     22. 避难所
5. 门厅     14. 家庭娱乐室     23. 池塘
6. 房管室     15. 主卧室     24. 洗衣房
7. 停车场     16. 衣帽间     25. 娱乐室
8. 私人车道     17. 露台
9. 楼梯     18. 泳池

LIGHT & SHADOW

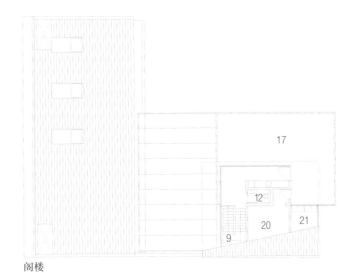

阁楼

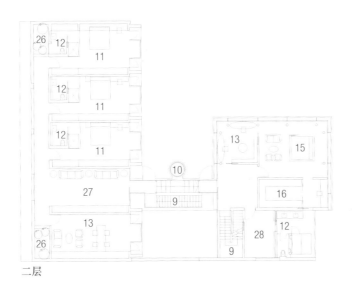

二层

1. 客厅
2. 餐厅
3. 干厨房
4. 湿厨房
5. 门厅
6. 房管室
7. 停车场
8. 私人车道
9. 楼梯
10. 升降梯
11. 卧室
12. 浴室
13. 书房
14. 家庭娱乐室
15. 主卧室
16. 衣帽间
17. 露台
18. 泳池
19. 泳池平台
20. 储藏室
21. 服务室
22. 避难所
23. 池塘
24. 洗衣房
25. 娱乐室
26. 庭院
27. 大厅
28. 健身房

LIGHT & SHADOW

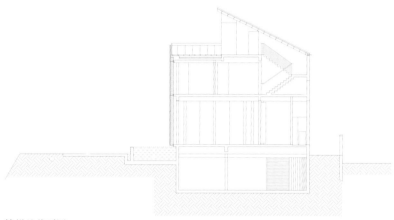

楼梯处截面图

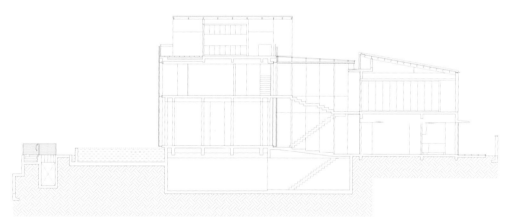

楼梯处截面图

# SOUND SOLACE

## 声之快慰

**建筑类型：** 半独立式新型三层住宅

**项目地点：** 新加坡东海岸路上段（Upper East Coast Road）

**竣工时间：** 2009年

**项目团队成员：** Han LokeKwang, Vincent Lee, AbigaelTay

**主承包商：** Renobest Builder

**结构工程公司：** Uni-Associated Design

**摄影：** Derek Swalwell

这所半独立式三层住宅的正面与车水马龙的东海岸路上段相邻，因此，其主要功能简单而明确——在喧闹的地带，为住户提供一个清净的避风港湾。

主建筑大幅后移空出的停车场地可以停放三辆汽车，宽敞的回旋空间可以使汽车正向驶上路面。车库的后面是一面镶有花岗石的多孔景观墙，背面朝向室内，其上有一个倾泻而下的水景瀑布。连同水景和锦鲤池发出的白色噪声，营造了一种安静祥和的氛围，从而使一层空间有效地屏蔽了来自于路上的噪音污染和混乱的视觉冲击。

SOUND SOLACE

隐藏在景观墙背后的是客厅、餐厅和厨房等生活区域,它们围成了一个高达三层的盒状空间,镶嵌着木制板条的墙面同时也支撑着二层通往三层的楼梯。

两部楼梯(一层到二层,二层到三层)都是由结实的玻璃阶梯构成,它们贯穿固定在木板墙上或是钢制纵梁上,这种玻璃结构也有助于高达三层的楼梯竖井获得充足的光线。

全部的生活区域都被商用玻璃幕墙遮蔽,整个外观虽然显得低调淡雅,但是却能将外界的喧闹和纷乱完全隔绝开来,不留丝毫缝隙。

305

SOUND SOLACE

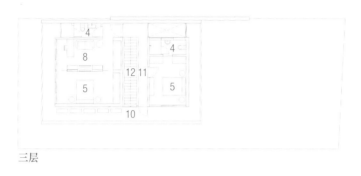

三层

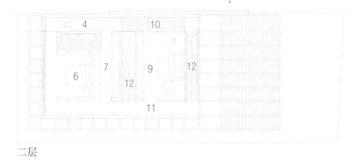

二层

1. 客厅
2. 餐厅
3. 厨房
4. 浴室
5. 卧室
6. 主卧室
7. 衣帽间
8. 书房
9. 家庭娱乐室
10. 开放式露台
11. 走廊
12. 楼梯
13. 池塘
14. 私人车道
15. 车库
16. 庭院
17. 洗衣房
18. 房管室
19. 避难所

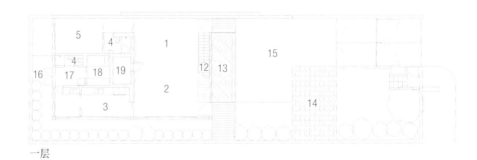

一层

SOUND SOLACE

# VERTICAL PROGRESSION

## 竖直阵列

**建筑类型:** 带有阁楼的半独立式新型双层住宅

**项目地点:** 新加坡花柏大道(Faber Avenue)

**竣工时间:** 2011年

**项目团队成员:** Han LokeKwang, NirunThawornngamyingsakul

**主承包商:** TohKumSweePte Ltd

**结构工程公司:** GNG Consultants Pte Ltd

**摄影:** Derek Swalwell

与多数住宅相反，该住宅的正门开向西方，从而具有更好的私密性。立面上光滑精致的竖条铝制幕墙仿佛一道竖直阵列，不仅遮挡了强烈的阳光，还保证了良好的通风性。

入口大厅的举架很高，并设有一个造型别致的倒影池。楼梯设置在镶有花岗石板的墙壁上，可以直接通往主卧室和屋顶露台以及住宅后部。

主浴室设有独立的盥洗梳妆台、浴缸和厕所，顶部开有天窗，轻巧的吊灯悬挂在顶棚之上。

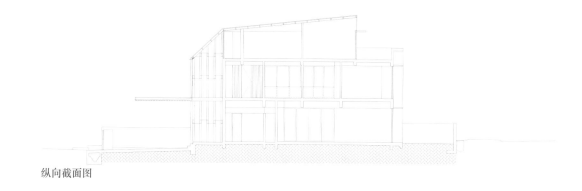

纵向截面图

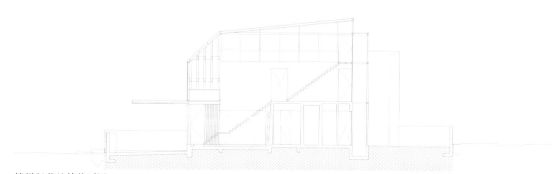

楼梯竖井处的截面图

VERTICAL PROGRESSION

VERTICAL PROGRESSION

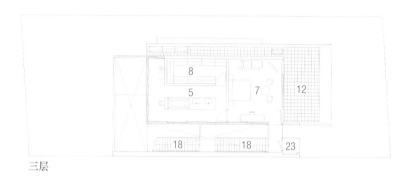

三层

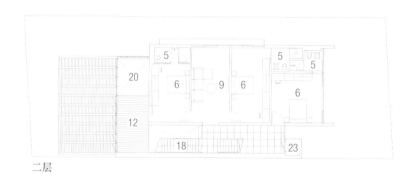

二层

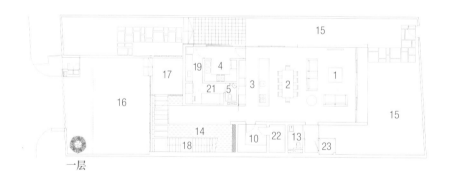

一层

1. 客厅
2. 餐厅
3. 干厨房
4. 湿厨房
5. 浴室
6. 卧室
7. 主卧室
8. 衣帽间
9. 家庭娱乐室
10. 储藏室
11. 走廊
12. 露台
13. 电力室
14. 倒影池
15. 花园
16. 车库
17. 门厅
18. 楼梯
19. 洗衣房
20. 空位
21. 房管室
22. 储藏间
23. 升降梯

VERTICAL PROGRESSION

VERTICAL PROGRESSION

# INTRICATE ENVELOPE

## 精致的外罩

**建筑类型：** 带有地下室、阁楼和泳池的半独立式新型双层住宅

**项目地点：** 新加坡凯利斯布鲁克花园（Carisbrooke Grove）

**竣工时间：** 2012年

**项目团队成员：** Han LokeKwang, WatineeRoajduang

**主承包商：** V-Tech Construction Pte Ltd

**结构工程公司：** GNG Consultants Pte Ltd

**摄影：** Derek Swalwell

该住宅位于繁华路段附近的人口密集区域，因而私密性被置于首要地位。为此采用了做工精美的木屏将这座半独立式住宅的侧面和正门进行遮挡。根据高度的不同，主木屏上板条的疏密度也各不相同，这种设计不仅最好地保护了住宅的私密性，还为观赏室外风景提供了良好的视野。

住宅的二层突出高悬在一层的室外露台之上，毗邻露台的是一个碧蓝的泳池。阁楼上的浴室内同样设置了木屏，并且栽植了绿意盎然的热带植物。同样是在阁楼，家庭娱乐室里的书架造型也新颖别致，看上去好像堆放在一起的方盒子。

INTRICATE ENVELOPE

INTRICATE ENVELOPE

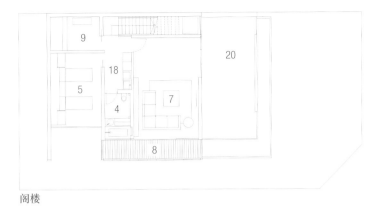

阁楼

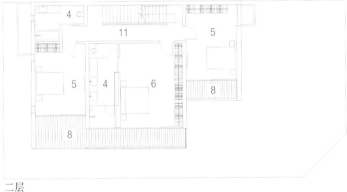

二层

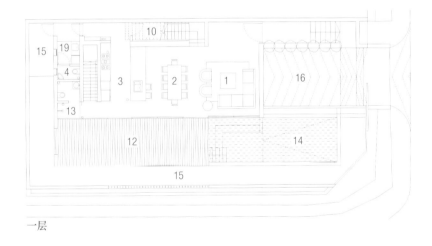

一层

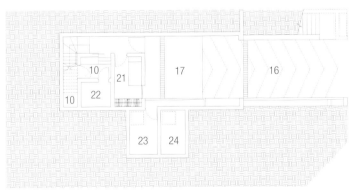

地下室

1. 客厅
2. 餐厅
3. 厨房
4. 浴室
5. 卧室
6. 主卧室
7. 家庭娱乐室
8. 阳台
9. 书房
10. 储藏室
11. 走廊
12. 开放式露台
13. 电力室
14. 泳池
15. 庭院
16. 私人车道
17. 停车场
18. 餐具室
19. 洗衣房
20. 开放式露台
21. 房管室
22. 避难所
23. 泵房
24. 水箱

INTRICATE ENVELOPE

# NATURAL GEOMETRY

## 天然几何图形

**建筑类型：**带有阁楼的半独立式新型双层住宅

**项目地点：**新加坡慕文花园（Bowmont Gardens）

**竣工时间：**2013年

**项目团队成员：**Han LokeKwang, Tiffany Ow

**主承包商：**Bison Construction Pte Ltd

**结构工程公司：**GNG Consultants Pte Ltd

**摄影：**Derek Swalwell

这是一幢坐东朝西的独立式住宅，其前部有一道布满了天然几何图案的幕墙。住宅与幕墙之间是一个封闭的双层室外空间，其内设有一个水塘和铺着木板的平台，这个空间的后面依次排列着客厅、餐厅和干厨房。

在二层，家庭娱乐室内的电视墙使之与楼梯分隔开来。配有下沉式浴缸和淋浴设备的主浴室突出高悬在封闭的室外空间之内。阁楼浴室内的各种设施，诸如挂架、水槽、镜子以及顶灯均采用了悬臂式安装方式。

NATURAL GEOMETRY

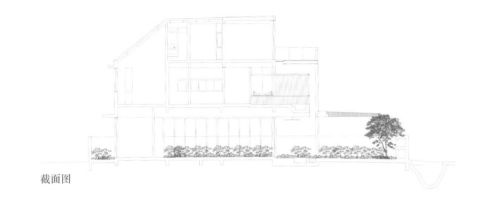

截面图

前视立面图                水塘处截面图                后视立面图

NATURAL GEOMETRY

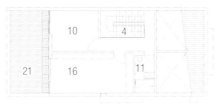

阁楼

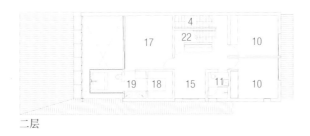

二层

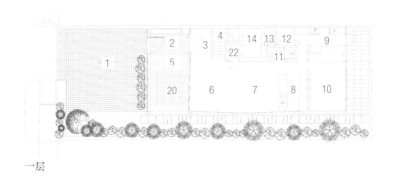

一层

1. 停车场
2. 入口
3. 门厅
4. 楼梯
5. 水塘
6. 客厅
7. 餐厅
8. 干厨房
9. 湿厨房
10. 卧室
11. 浴室
12. 房管室
13. 卫生间
14. 避难所
15. 家庭娱乐室
16. 书房、休闲室
17. 主卧室
18. 主衣帽间
19. 主浴室
20. 封闭式露台
21. 开放式露台
22. 储藏室

NATURAL GEOMETRY

NATURAL GEOMETRY

# A PRIVATE RETREAT

## 一幢私家寓所

**建筑类型：**带有泳池的半独立式新型三层住宅

**项目地点：**新加坡永康花园（Eng Kong Garden）

**竣工时间：**2014年

**项目团队成员：**Han LokeKwang, Tiffany Ow

**主承包商：**V-Tech Builder LLP

**结构工程公司：**SB Ng & Associates CE

**摄影：**Derek Swalwell

走近这所半独立式住宅，首先映入访客眼帘的就是覆盖着木制板条的正面幕墙。寓所开放式一层的侧面是一个带有泳池和木板露台的花园。楼梯设置在房间的中部，光线通过楼梯竖井顶部一个椭圆形的天窗进入，使这一空间明亮照人。

在二层，阳台上的曲线墙壁和铺有木板的走廊搭配得相得益彰，在那里可以俯瞰下面的泳池。

三层的休闲室直接与屋顶的露台相通，室内开放式书架上的隔板在边缘处的间距逐渐变宽变高，而住宅正面幕墙上木制板条的间距也是在接近边缘的部分逐渐变宽，可见两者的设计颇具异曲同工之妙。

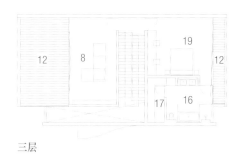

三层

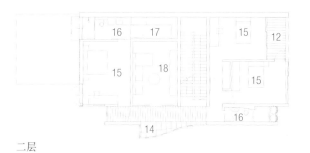

二层

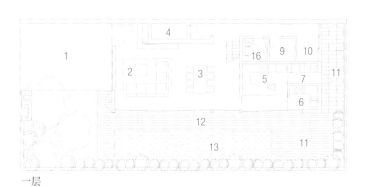

一层

1. 停车场
2. 客厅
3. 餐厅
4. 避难所
5. 干厨房
6. 湿厨房
7. 洗衣房
8. 休闲室
9. 杂物间
10. 书房
11. 开放式露台
12. 封闭式露台
13. 泳池
14. 阳台
15. 卧室
16. 浴室
17. 衣帽间
18. 家庭娱乐室
19. 主卧室

A PRIVATE RETREAT

A PRIVATE RETREAT

A PRIVATE RETREAT

A PRIVATE RETREAT

# HARMONIOUS 'TIMBRE'

## 和谐的 "韵律"

**建筑类型：**带有泳池、地下室和阁楼的半独立式新型双层住宅

**项目地点：**新加坡格林伍德大道（Greenwood Avenue）

**竣工时间：**2015年

**项目团队成员：**Han LokeKwang, Tran Thi Thu Trang

**主承包商：**ibuildersPte Ltd

**结构工程公司：**PTS Consultants

**摄影：**Derek Swalwell

这座带有泳池的半独立式住宅结构十分紧凑，并且与一条热闹的居住区道路相临。因而为住户提供良好的私密空间是设计中的首要目标。

整个一层的侧面完全采用开放式结构，与泳池和平台直接互通。客厅、餐厅区域带有滑轮的落地式玻璃门可以被一直推到后面，从而形成一个通透的"室外"空间。

楼梯由木制阶梯板构成，它们的一端被悬挂固定在一排细钢柱上，这些钢柱构成了一道精致轻盈的幕屏，同时也充当了楼梯的护栏。

一层的楼梯后面还有一扇木屏，屏上木板之间的空隙向一端逐渐增大，掩藏了湿厨房的同时，却使干厨房若隐若现。这一细节在住宅正面外观也有体现，只是空隙增大的方向正好相反，不仅提高了主浴室的私密性，还呈现出和谐一致的设计风格。

HARMONIOUS 'TIMBRE'

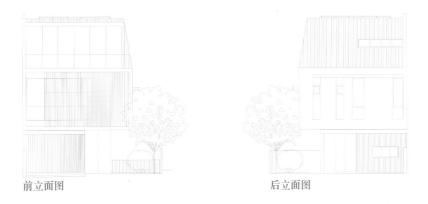

前立面图                 后立面图

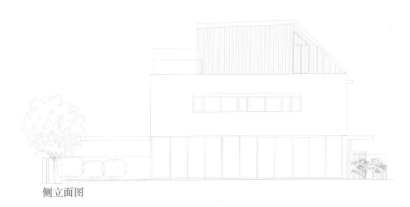

侧立面图

HARMONIOUS 'TIMBRE'

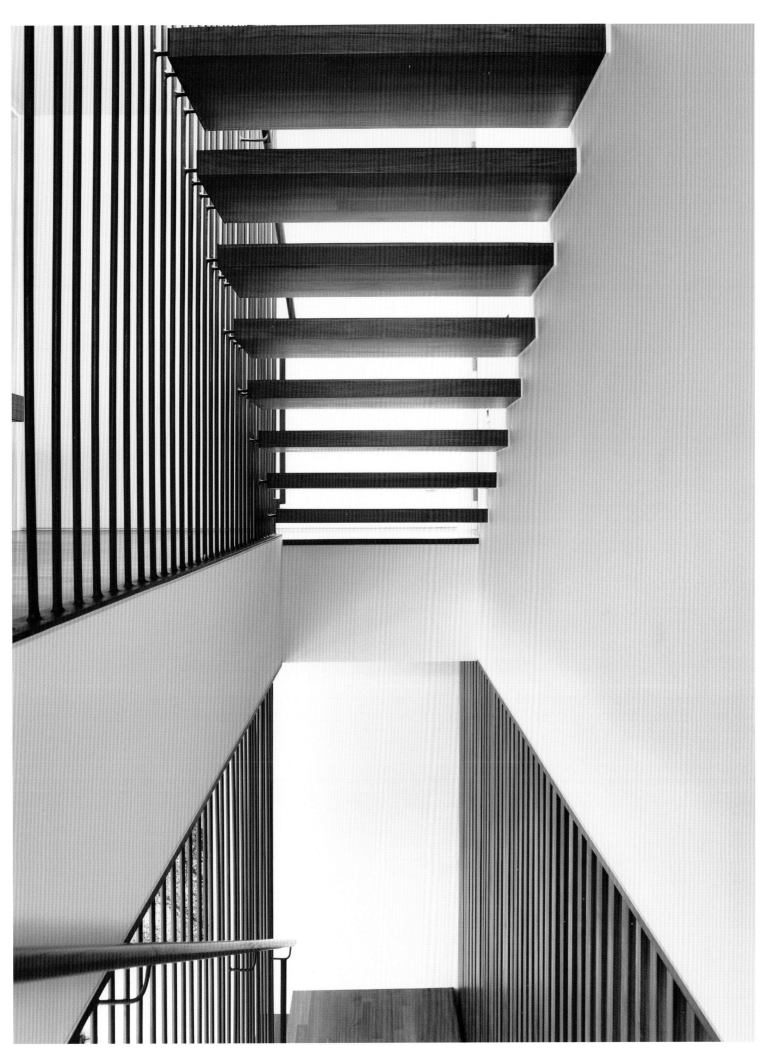

HARMONIOUS 'TIMBRE'

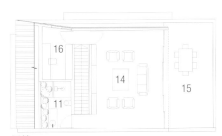

阁楼

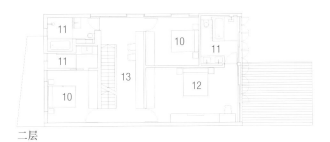

二层

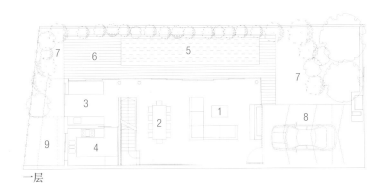

一层

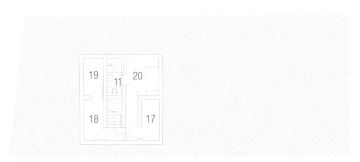

地下室

1. 客厅
2. 餐厅
3. 干厨房
4. 湿厨房
5. 泳池
6. 露台
7. 景观
8. 停车场
9. 庭院
10. 卧室
11. 浴室
12. 主卧室
13. 大厅
14. 家庭娱乐室
15. 开放式屋顶露台
16. 书房
17. 避难所
18. 储藏室
19. 泵房
20. 杂物间

HARMONIOUS 'TIMBRE'

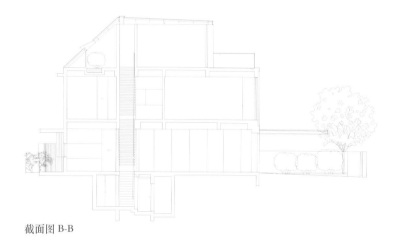

截面图 B-B

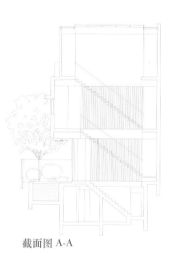

截面图 A-A

HARMONIOUS 'TIMBRE'

HARMONIOUS 'TIMBRE'

# ACOUSTIC ALCHEMY

## 声之魔力

**建筑类型：** 带有泳池的半独立式新型双层住宅

**项目地点：** 新加坡克劳赫斯特通道（Crowhurst Drive）

**竣工时间：** 2008年

**项目团队成员：** Han LokeKwang, Vincent Lee, Nicholas Ooi

**主承包商：** TohKumSweePte Ltd

**结构工程公司：** KKC Consultancy Services

**摄影：** Derek Swalwell

在这栋半独立式的双层住宅内，客厅、餐厅和厨房区域被打造成为一个大型的视听和娱乐场所，可折叠的滑动式双层玻璃门为其提供了良好的隔音效果。

一层两面的侧壁有意设计成向后方呈锥体的造型，从而创造了一个类似漏斗形的空间。这种结构不仅增强了房间内的声效品质，还能在墙体较厚一端的空间来放置高保真音响设备。用户大如雕塑般的喇叭扬声器固定安装在了空间的前部，户外的露台和泳池则位于其背后。

ACOUSTIC ALCHEMY

二层卧室的窗户凹陷在弧形的墙壁之内，这一微妙的造型在空白的外墙上显得尤为突出，令人联想到一层安装的喇叭扬声器造型。

屋顶的大型天窗为二层的大厅和走廊提供照明，光线还能通过其玻璃地板透射到一层的客厅。住宅平坦的屋顶采用钢筋混凝土结构，上面铺设了一层草皮，有效地将热量隔离在住宅之外。

ACOUSTIC ALCHEMY

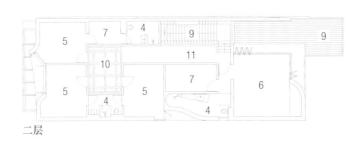

二层

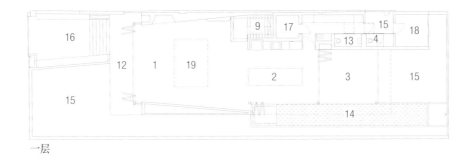

一层

1. 客厅
2. 餐厅/厨房
3. 休闲室
4. 浴室
5. 卧室
6. 主卧室
7. 衣帽间
8. 露台
9. 楼梯
10. 大厅
11. 走廊
12. 门厅
13. 电力室
14. 泳池
15. 洗衣房
16. 停车场
17. 避难所
18. 房管室
19. 天窗（上方）

ACOUSTIC ALCHEMY

ACOUSTIC ALCHEMY

# DISCREETLY DETACHED

## 悄然蜕变

**建筑类型：**带有阁楼和泳池的新型双层别墅

**项目地点：**新加坡威尔士公主路（Princess of Wales Road）

**竣工时间：**2011年

**项目团队成员：**Han LokeKwang, WatineeRoajduang

**主承包商：**Build Five Pte Ltd

**结构工程公司：**EDP Consultants, GNG Consultants Pte Ltd

**摄影：**Derek Swalwell

这是一座由普通的半独立式住宅改造而成的别墅。在房子和界墙之间有一个泳池，形成了一个私家庭院空间。一层的客厅、餐厅和邻近的干厨房等区域都朝向这一空间开放。

在楼上主卧室的中央位置生长着一棵热带雨林树木，形成了别致的室内景观。一部独特的螺旋式楼梯将主卧室与上面的书房相连。

书房内的书架设计显然受到了 LigneRoset 沙发的启示，两者的造型风格如出一辙。儿童房间和浴室都是根据孩子们各自的兴趣和需求而量身定制的。

DISCREETLY DETACHED

DISCREETLY DETACHED

阁楼

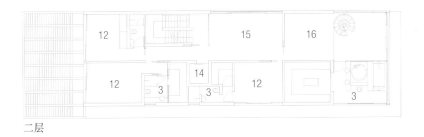

二层

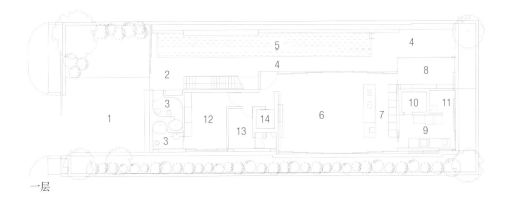

一层

1. 停车场
2. 门厅
3. 浴室
4. 露台
5. 泳池
6. 客厅/餐厅
7. 干厨房
8. 游戏室
9. 湿厨房
10. 避难所
11. 洗衣房
12. 卧室
13. 房管室
14. 升降梯
15. 家庭娱乐室
16. 主卧室
17. 娱乐室
18. 池塘
19. 书房

DISCREETLY DETACHED

# POOLED APART

## 一水之隔

**建筑类型：**带有地下室和泳池的独立式新型三层住宅

**项目地点：**新加坡绿岸园（Greenbank Park）

**竣工时间：**2009年

**项目团队成员：**Han LokeKwang, Vincent Lee, Jack Lee, Joan Tan

**主承包商：**Vincent Lee, Jack Lee, Joan Tan

**结构工程公司：**SB Ng & Associates CE

**摄影：**Derek Swalwell

与邻近的其他半独立式住宅不同，绿岸园的住宅与隔离界墙的距离较远，从而拥有更大的独立空间。在房屋与隔墙之间是一座泳池，泳池的一端是覆盖着木板的封闭式室外露台，另一端则设有一个木制的鞋柜。因此，一层的生活区域形成了三面完全开放的布局，弱化了室内与室外的界限，使自然景观与人造景观和谐融为一体。

一座楼梯竖井将地下室内的视听室、一层的客厅和餐厅、二层的卧室以及三层的屋顶露台连通在一起。住宅的西侧立面遮盖着卷帘式百叶窗，与该侧立面坚实牢固的形态形成了鲜明的对比。

POOLED APART

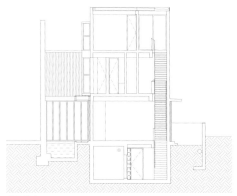

截面图

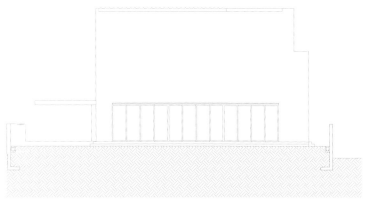

侧立视图

POOLED APART

POOLED APART

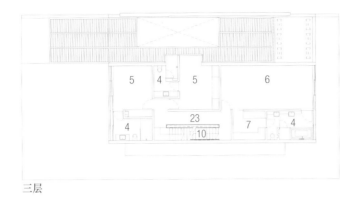

三层

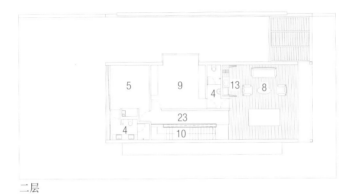

二层

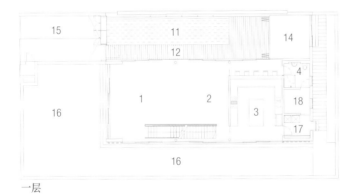

一层

1. 客厅
2. 餐厅
3. 厨房
4. 浴室
5. 卧室
6. 主卧室
7. 衣帽间
8. 家庭娱乐室
9. 书房
10. 楼梯
11. 泳池
12. 露天平台
13. 餐具室
14. 休闲室
15. 停车场
16. 花园
17. 杂物间
18. 房管室
19. 避难所
20. 储藏室
21. 泵房
22. 视听室
23. 走廊

地下室

201

POOLED APART

# TO CATCH A BREEZE

## 捕获清风

**建筑类型：**连栋式新型双层住宅

**项目地点：**新加坡报春花大道（Primrose Avenue）

**竣工时间：**2014年

**项目团队成员：**Han LokeKwang, WatineeRoajduang

**主承包商：**Renobest Builder Structural

**结构工程公司：**PTS Consultants

**摄影：**Derek Swalwell

在这座三层连栋式住宅的前立面上设有新颖独特的旋转式幕墙。幕墙每个单元的截面酷似一个流线型的回旋飞镖，可以使一侧的风向偏转。幕墙的另一面覆盖着木板，提高了住宅的私密性。

住户可以根据需要任意旋转幕墙的角度，从而使住宅的正面外观处于不断变化的状态之中，生动形象地表达了住户的情绪和心境。

住宅一层天花板的举架很高，形成了通往后部花园式庭院的通风道，利于空气的流通。楼梯上的阶梯截面采用了别致的倒三角造型，顶部的天窗为其提供了良好的照明。

TO CATCH A BREEZE

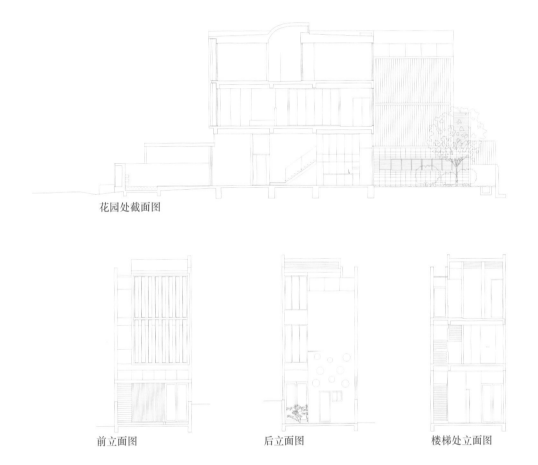

花园处截面图

前立面图                后立面图                楼梯处立面图

TO CATCH A BREEZE

屋顶

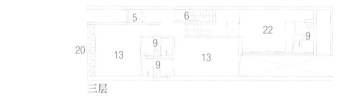

三层

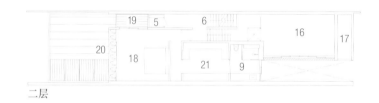

二层

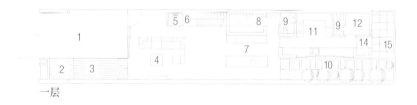

一层

1.停车场
2.池塘
3.平台
4.客厅
5.升降梯
6.楼梯
7.干厨房
8.避难所
9.浴室
10.花园
11.湿厨房
12.房管室
13.卧室
14.洗衣房
15.庭院
16.家庭娱乐室
17.空调
18.主卧室
19.封闭式露台
20.幕墙
21.衣帽间
22.书房
23.屋顶露台

TO CATCH A BREEZE

211

TO CATCH A BREEZE

# SPIRAL
# SIMPLICITY

## 螺旋与简约

**建筑类型：**对一幢带有夹层的连栋式双层住宅进行的保护性扩建和改建

**项目地点：**新加坡芽笼（Geylang）

**竣工时间：**2011年

**项目团队成员：**Han LokeKwang, Muhammad Fadzullah Bin Hassan

**主承包商：**The Mandy's Pte Ltd

**结构工程公司：**EDP Consultants

**摄影：**FrenchieCristogratin

在这座旧式的双层店屋中部，一部略微向前立面倾斜的螺旋式楼梯向上通往各层，直达阁楼空间，那里凸起式的屋顶提供了极好的采光效果。

在住宅的后部，带有铝制板条的采光井和通风井显得十分清新明快，其下方坐落着一个造型简洁雅致的倒影池。

整个一层完全采用开放式设计，后部与一个赏心悦目的竹园相邻。同楼梯间一样，二层上两个完全一样的浴室同样以铝制板条进行装饰。在其中的一个浴室内，浴缸所在的位置向外突出，仿佛孕妇隆起的肚子。

SPIRAL SIMPLICITY

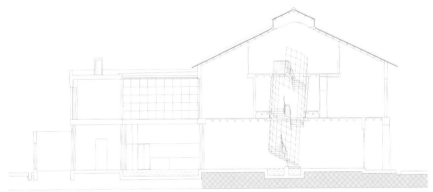

横向截面图

SPIRAL SIMPLICITY

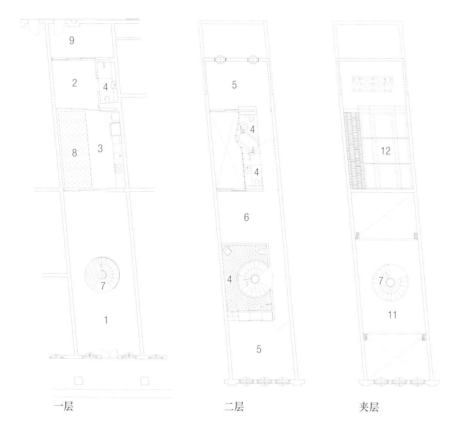

1. 客厅
2. 餐厅
3. 厨房
4. 浴室
5. 卧室
6. 大厅
7. 螺旋式楼梯
8. 水景
9. 庭院
10. 衣帽间
11. 夹层
12. 天窗

一层　　　　二层　　　　夹层

SPIRAL SIMPLICITY

SPIRAL SIMPLICITY

# DECIDEDLY DIFFERENT

## 迥然相异

**建筑类型：**带有泳池和阁楼的半独立式三层新型住宅

**项目地点：**新加坡泽维士路（Jervois Road）

**竣工时间：**2016年

**项目团队成员：**Han LokeKwang, Tran Thi Thu Trang

**主承包商：**Praxis Contractors Pte

**结构工程公司：**PTS Consultants

**摄影：**Derek Swalwell

这座住宅位于一块半圆形排屋街区的后部，整个街区都保留着原有的设计风格。由于充分利用了规划设计准则，该住宅比其他住宅高出一层。

一扇做工精巧的木屏将住宅前立面的大部分遮挡，走近细看可以发现上面有无数的支撑木杆和缺口，构成的精美图案宛若一曲优美的乐章。

为了避开午后的阳光，西侧立面采用了灰色花岗石镶面的实体结构，与正面木屏的暖色调形成了巨大的反差。

住宅的内部更是别有洞天，一座由木质踏板构成的浮桥横架在高达两层的空间之上。每间浴室都混合采用了多种材料和色调，以迎合喜好和需求各异的用户口味。

DECIDEDLY DIFFERENT

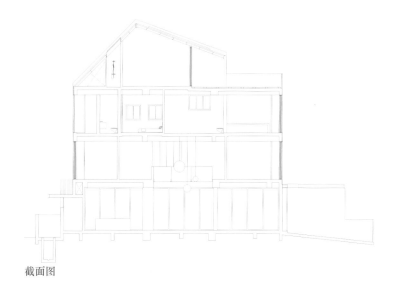

截面图

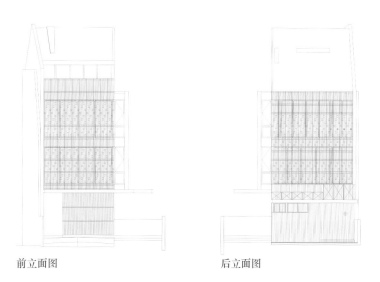

前立面图                    后立面图

DECIDEDLY DIFFERENT

DECIDEDLY DIFFERENT

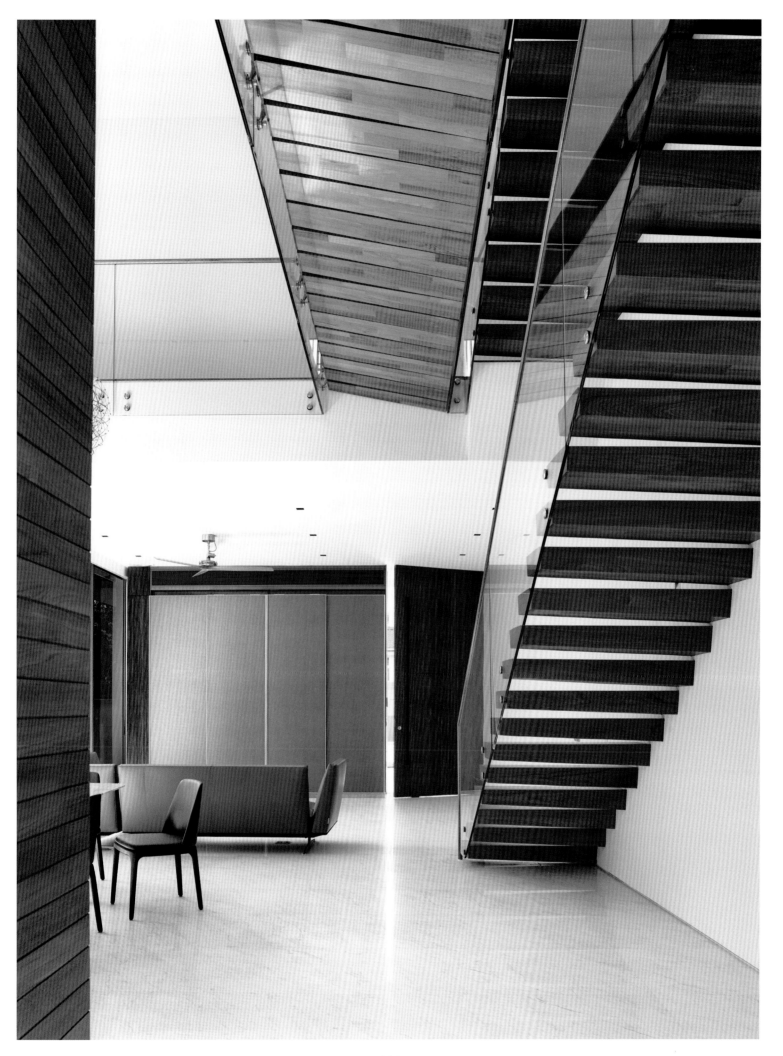

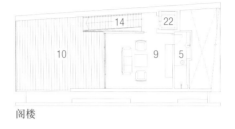

阁楼

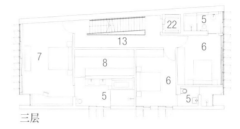

三层

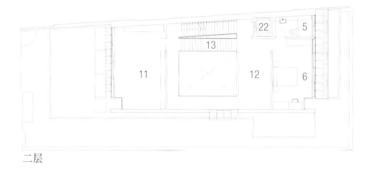

二层

1. 客厅
2. 餐厅
3. 干厨房
4. 湿厨房
5. 浴室
6. 卧室
7. 主卧室
8. 衣帽间
9. 家庭娱乐室
10. 开放式露台
11. 书房
12. 大厅
13. 走廊
14. 楼梯
15. 泳池
16. 泳池平台
17. 洗衣间
18. 房管室
19. 停车场
20. 庭院
21. 花园
22. 升降梯
23. 避难所

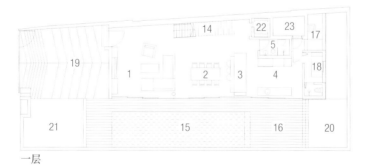

一层

DECIDEDLY DIFFERENT

233

DECIDEDLY DIFFERENT

# PRIVATELY PUBLIC
## 私密与开放的融合

**建筑类型：** 由10套带有泳池和地下停车场的半独立式单元组成的住宅区

**项目地点：** 新加坡卓弯（Toh Crescent）

**竣工时间：** 2015年

**项目团队成员：** Han LokeKwang, WatineeRoajduang, Nicholas Shane Oen Gomes, Eunike

**主承包商：** V-Tech Construction Pte Ltd

**结构工程公司：** SB Ng & Associates CE

**机电工程公司：** Richard Lok M&E Consultants

**施工技术人员：** 1mh & Associates

**景观设计顾问：** NyeePhoe Flower Garden Pte Ltd

**摄影：** Derek Swalwell

在多数的住宅区开发中，私家的生活空间都会面向中心的公共区域，从而模糊了私有空间与公共空间的界限，导致住户的私密性显著下降。在该项目中，关键的设计目标之一就是对私有空间和公共空间进行明确的定义和划分。

这个住宅区包括 10 套半独立式的住宅单元，它们环绕在作为公共区域的庭院周边。3 个呈阶梯式分布的泳池（分别适用于成人、儿童和婴儿）占据了庭院的大部分空间，每座泳池中都有一棵出水绽放的鸡蛋花树。所有住宅单元的私家庭院的入口都分布在这个泳池水景的四周。每座私家庭院都设有多孔的花岗石围墙，连同入口的门厅形成了私有空间与公共空间的过渡区域。

PRIVATELY PUBLIC

住户的生活区域面向住宅区的外部围墙，墙内则是住户的私家花园。二层的初级主卧室虽然面对着中心的公共区域，但是采用了木屏进行遮挡，提高了其私密性。与其毗连的阳台可以作为公共平台，住户可以通过它方便地到达泳池区域和其他住宅单元。

每个单元楼梯和升降梯的位置都较为靠后，从而使前立面显得较低，使住宅与入口庭院的比例更为协调。更为重要的是，阁楼的一半都作为开放式的露台，进一步降低了整个住宅区的高度规模。

尽管如此，每个单元仍然拥有五间卧室、一间书房和一个杂物间，同时还有两个私有停车位。在内部，客厅和餐厅区域以及相邻的开放式厨房形成了主要的生活空间。楼梯间带有几何造型的铝制格栅，使整个住宅获得了充足的光线。为了提供最佳的私密性，主卧室和浴室都朝向后部的私家花园。

PRIVATELY PUBLIC

PRIVATELY PUBLIC

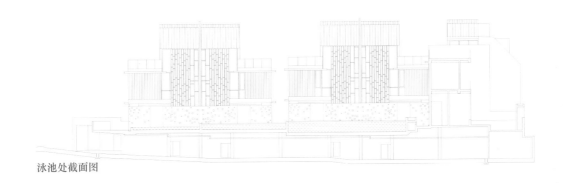

泳池处截面图

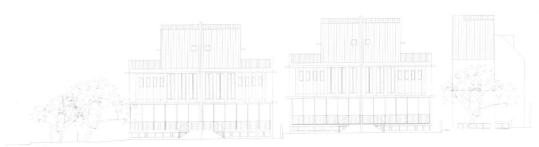

侧立视图

1. 停车场
2. 卧室
3. 浴室
4. 避难所
5. 升降梯
6. 服务室
7. 车道
8. 门厅
9. 客厅/餐厅区域
10. 厨房
11. 庭院
12. 花园
13. 私家泳池
14. 泳池
15. 主卧室
16. 书房
17. 屋顶露台

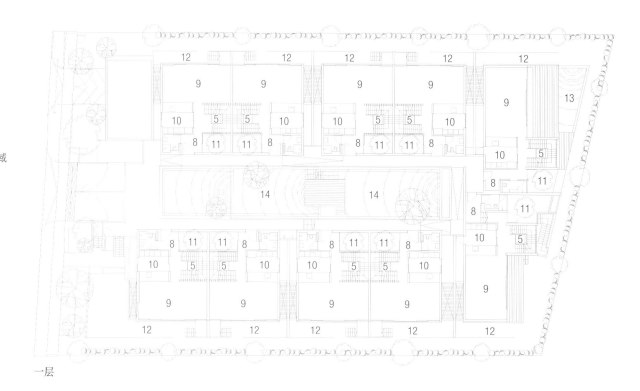

一层

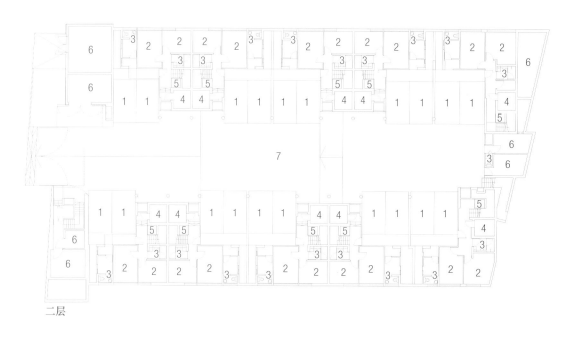

二层

PRIVATELY PUBLIC

PRIVATELY PUBLIC

PRIVATELY PUBLIC

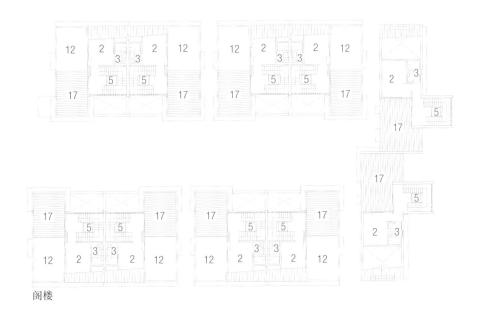

1. 停车场
2. 卧室
3. 浴室
4. 避难所
5. 升降梯
6. 服务间
7. 车道
8. 门厅
9. 客厅/餐厅区域
10. 厨房
11. 庭院
12. 花园
13. 私家泳池
14. 泳池
15. 主卧室
16. 书房
17. 屋顶露台

阁楼

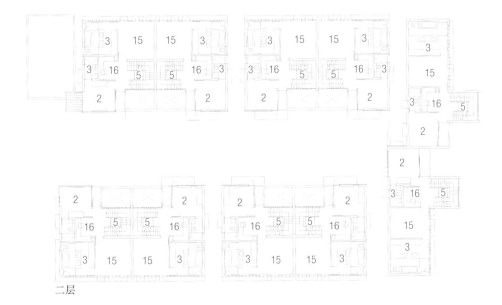

二层

249

PRIVATELY PUBLIC

# 公司简介

HYLA 事务所创立于 1994 年，自创建以来，一直坚持以提供卓越的设计和专业化的服务为其理念。作为一家精品建筑事务所，其首席建筑师 Han LokeKwang 亲自参与每个项目和细节的设计工作。

HYLA 事务所努力推动现代热带建筑模式的创新和变革，不断寻求各类建筑理论的创新和突破，提供舒适惬意的生活环境，以满足当代亚洲人的生活方式。打造经久、独特并具有个性的家居环境是他们不变的目标，并以堪称典范的高端地产作品获得了极佳的口碑。

这种不断创新的模式为 HYLA 事务所赢得了无数的荣誉，其中包括新加坡建筑师协会设计大奖，市区重建局 (URA) 颁发的旧建筑修复工程奖。

HYLA 事务所的作品还经常成为国际专著和知名杂志的主角，其作品曾入选《斐顿 21 世纪建筑图集》，跻身于世界千部经典建筑作品行列。

# 项目索引